정혜영

영원히 함께할 남편 션과 사랑하는 네 아이를 위해 움직이는 시간이 가장 행복한 여자. 그리고 배우. 새로운 요리법을 알게 되면 가족에게 꼭 먹여주고 싶어 그날 바로 두 손 가득 장을 보고 요리한다. 남편과 아이들이 맛있게 먹어 줄 때만큼 뿌듯한 순간이 없다는 그녀는 가족을 위해 안 해 본 요리가 없을 정도로 부지런한 살림꾼이 ○ 오늘도 다시 오지 않을 이 순간에 늘 ○ 족을 위해 요리를 준비한다. 저서로는 ○ 복해》,《오늘 더 사랑해》가 있다.

TABLE

TABLE

정혜영의 식탁

hydrangea garden's story

가족을 위해 짓고, 만들고, 담아내는
정혜영의 따뜻한 식탁 이야기

이다스미디어

내가 식사를 정성 들여 준비하는 이유

결혼한 뒤 가족을 위해 밥을 짓고, 요리를 만들고, 예쁘게 담았던 수많은 날이 모여 책으로 나오게 되었습니다. 이 책이 '우리집 요리사'로 열심히 살아온 제 등을 토닥토닥 쓰다듬어 주는 것 같습니다.

저는 남편과 아이들에게 삼시 세끼 밥을 만들어 먹이기 위해 장을 보고, 재료를 손질하고, 요리합니다. 식탁을 다 치우기도 전에 다음 식사를 고민하고, 아이들 뒤를 쫓아다니다 보면 하루가 어찌 그리 빨리 지나가는지요. 정신없이 바쁘고 힘들 때도 있지만 우리 가족에게 건강한 요리, 맛있는 요리를 만들어 주고 싶어요. 매 끼니 김이 모락모락 나는 냄비밥을 짓는 건 제가 시간이 많아서도, 여유가 많아서도 아니에요. 정성 들여 밥을 해 주는 것이 제가 가족에게 사랑을 표현하는 방법 중의 하나이고, 제 행복이기도 합니다.

시간이 흘러 아이들이 어른이 되었을 때 어릴 적 가족들과 둘러앉아 행복하게 식사했던 시간이, 엄마가 부엌에서 해 주었던 맛있는 음식이 소중한 추억으로 떠오르길 바랍니다.

정혜영 드림

chapter two SUMMER TABLE
시원한 여름 식탁

chapter three FALL TABLE
풍성한 가을 식탁

chapter four WINTER TABLE

따뜻한 겨울 식탁

"

아이들 소풍날이 다가오면 도시락으로 무얼 싸 줄까 고민하죠. 김밥은 손이 많이 가고 주먹밥은 조금 성의 없어 보여요. 엄마에겐 아이들이 맛있게 먹는 게 최고의 선물인데, 새벽부터 일어나 준비한 도시락을 남기면 속이 상하기도 해요.

우리 아이들은 소풍 도시락에 '스팸 무스비'를 만들어 싸 줘요. 스팸 무스비는 햄과 야채, 밥, 김만 있으면 예쁘게 만들 수 있죠. 아이들이 평소에 강한 향 때문에 깻잎을 잘 먹지 않잖아요. 저희 아이들도 그래요. 하지만 무스비를 만들면 깻잎도 맛있게 먹어요.

"

SPRING TABLE

chapter one

상큼한 봄 식탁

Cherry Tomato Marinade
방울토마토 매리네이드

재료

방울토마토 50개
양파 ½개
다진 생 파슬리 또는 바질

※ 계량

1컵 : 200㎖
1큰술 : 어른 숟가락
1작은술 : 찻숟가락

드레싱 재료

설탕 1큰술
소금 1큰술
다진 마늘 1큰술
식초 2큰술
포도씨유 3큰술
다진 파슬리 1큰술

레시피

1. 껍질을 벗기기 쉽도록 방울토마토에 십자(+) 모양으로 칼집을 낸다.
2. 양파는 껍질을 벗겨 깨끗이 씻은 뒤 곱게 다진다.
3. 끓는 물에 소금을 넣고 방울토마토를 살짝 데친다.
4. 데친 방울토마토를 찬물에 담가 껍질을 벗긴다.
5. 방울토마토, 드레싱, 다진 파슬리, 다진 양파를 함께 버무려 냉장 보관한다.

hydrangea_garden's story

방울토마토 매리네이드 위에

파슬리를 뿌리면 풍미가 살아나요.

저는 요리할 때 생 파슬리를 주로 사용하는데

간혹 생 파슬리가 없을 때는

건조 파슬리를 사용하곤 하죠.

건조 파슬리는 생 파슬리보다 양을 조금 적게 넣어야 해요.

허브를 건조하면 향이 더 강해지거든요.

Couscous Caesar Salad

쿠스쿠스 시저 샐러드

재료

로메인상추 1포기
쿠스쿠스 3큰술
파르메산 치즈 조금
소금 조금

드레싱 재료

안초비 2개
마요네즈 4큰술
레몬즙 1큰술
다진 마늘 ½큰술
후추 조금

레시피

1. 쿠스쿠스에 소금과 올리브오일을 조금씩 넣은 뒤, 끓인 물을 붓고 뚜껑을 덮어 10분간 뜸을 들인다.
2. 로메인상추, 익힌 쿠스쿠스를 샐러드 그릇에 담은 뒤, 드레싱을 부어 잘 섞는다.
3. 파르메산 치즈를 강판에 갈아 샐러드 위에 뿌려 준다.

쿠스쿠스*couscous*는 듀럼 밀(파스타의 원료로 쓰이는 밀)로 만든
세몰리나에 소금물을 뿌려 둥글게 빚은 좁쌀 모양의 파스타예요.
양념이 진한 고기 요리나 채소 요리와 잘 어울리는데
고기나 채소로 만든 스튜와 함께 먹어도 맛있어요.
저는 요리할 때 시중에 판매하는 분말 치즈 대신,
경질 치즈를 자주 사용하는데요.
그레이터로 갈아서 사용하면 음식의 맛과 향이 훨씬 좋아지죠.
파르메산 치즈는 이탈리아를 대표하는 경질 치즈로
'파르미지아노 레지아노*parmigiano reggiano*'라고 부르죠.

Salmon Lettuce Bibimbap

연어 양상추 비빔 초밥

재료

연어 600g

양상추 150g

달걀 2개

검은깨

올리브오일 조금

올리브 3개

김 1장

오이 ½개

쌀 3컵(물 3컵, 다시마 1장,

청하 1작은술)

소금·후추 조금

배합초 재료

식초 5작은술

설탕 4작은술

소금 1작은술

레시피

1. 식초, 설탕, 소금을 분량대로 넣고 은근한 불에서 끓여 배합초를 만든다.

2. 연어는 소금, 후추로 간하고 올리브오일을 발라 그릴에서 익힌다.

3. 올리브, 김, 양상추, 오이, 달걀지단을 아주 얇게 채 썬다.

4. 쌀은 다시마와 청하를 함께 넣어 밥을 짓는다.

5. 대나무 통에 밥과 배합초, 잘게 부순 연어를 넣어 섞는다.

6. 연어를 섞은 밥 위에 검은 깨를 뿌리고 올리브, 김, 양상추, 오이, 달걀지단을 올려서 같이 먹는다.

우리 아이들은 연어를 구워 주면 뻑뻑한 식감 때문에

다른 생선에 비해 잘 안 먹는 편이에요.

그런데 어느 날 채소를 곁들인 비빔 초밥을 만들어 주니

아주 잘 먹지 뭐예요. 그 뒤 연어 양상추 비빔 초밥은

제가 아이들에게 자주 해 주는 요리 중 하나가 되었답니다.

특히 이 초밥에는 양상추와 오이가 많이 들어가서

아이들에게 채소를 먹이기에 좋아요.

단백질이 풍부한 연어와 무기질과 비타민이 풍부한 채소를

한 번에 섭취하니 더할 나위 없는 영양 식단이죠.

초밥을 만들 때 대나무 통에 담는 이유는

물기가 생기지 않게 하려고 그러는 거예요.

일식집에서 초밥 만드시는 셰프님을 보면

초밥이 대나무 통에 담겨 있는 걸 볼 수 있어요.

밥을 대나무 통에 넣은 뒤 배합초를 넣어야 물기가 생기지 않아요.

초밥은 식은 뒤 먹어도 맛있어서 저는 야외 나갈 때나

아이들 소풍 도시락을 쌀 때도 연어 양상추 비빔 초밥을 만들어요.

Ciabatta Chicken Sandwich
치아바타 치킨 샌드위치

재료

치아바타 빵 1개
베이컨 1장
닭 가슴살 한 덩이
루꼴라 한 줌
파프리카 파우더 ½큰술
폴렌타 1큰술
바질 조금
토마토 ½개
로메인상추 조금
새싹 채소 500g
소금·후추 조금
올리브오일 조금

드레싱 재료

우스타 소스 ½큰술
레드 와인 비니거 1큰술
파르메산 치즈 40g
안초비 2마리
디종 머스터드 소스 1큰술
마늘 2톨
바질 16잎
레몬즙(레몬 2개분)
요구르트 4큰술

레시피

1. 기름종이 위에 닭 가슴살을 올리고 소금, 후추, 파프리카 파우더, 폴렌타를 뿌린다.
2. 닭 가슴살 위에 기름종이를 덮고 밀대로 두드려 가며 납작하게 편다.
3. 달군 팬에 올리브오일을 두르고 닭 가슴살과 베이컨을 굽는다.
4. 드레싱 재료를 믹서에 모두 넣고 갈아 준다.
5. 따뜻하게 구운 치아바타 빵을 반으로 잘라, 한 면에 드레싱 소스를 바른 뒤 로메인상추와 구운 닭 가슴살, 베이컨, 새싹 채소를 올리고 드레싱을 뿌린다.

우리 가족이 모두 샌드위치를 좋아해서

자주 하게 되는 요리예요.

샌드위치를 먹을 때 고기와 샐러드 맛도 중요하지만,

저는 빵이 주는 식감을 중요시하는 편이에요.

빵이 딱딱하면 먹기 힘들고 반대로 흐물흐물하면

고기와 채소를 잡아 주는 힘이 없죠.

치아바타 빵은 식감이 부드럽고 쫄깃한데다

맛도 담백해서 샌드위치 빵으로 제격이죠.

치아바타 치킨 샌드위치를 만들 때

로메인상추나 새싹 채소가 없으면 상추, 과일 등

집에 있는 다른 채소를 활용해도 맛있답니다.

특히 닭 가슴살을 두드릴 때

일부러 아이들을 불러 두들겨 달라고 부탁해요.

그러면 아이들이 놀이하듯 즐겁게 도와 주죠.

엄마를 돕는 기쁨, 좋아하는 요리를 함께 만들며 느끼는

성취감이 더해져서 아이들이 참 맛있게 먹는답니다.

Blueberry Jam
블루베리 잼

재료

블루베리 500g

설탕 500g

레이지 레몬주스(또는 레몬즙) 30㎖

레시피

1. 냉동 블루베리를 믹서로 곱게 간 후 냄비에 넣고 설탕을 블루베리와 같
   은 분량으로 넣는다.

2. 레몬주스를 더해 걸쭉하게 잼 느낌이 날 때까지 거품을 걷어 내며 약불
   로 20~30분 정도 끓인다.

저는 블루베리 잼을 비롯해 복숭아 잼, 사과 잼, 딸기 잼, 키위 잼 등 계절마다 제철 과일로
잼을 만들어요. 잼을 만들 때 꼭 농축 레몬주스를 넣어요. 펙틴 성분이 점성을 만들어 줘
맛이 더 풍성해지는 느낌이 들거든요. 만들 때 너무 걸쭉하게 하면 식은 후 잼이 딱딱해질
수 있으니 약간 흐르는 듯한 정도로만 끓이는 게 좋아요.

31

Lemon Poppy Seed Cake

레몬 포피 시드 케이크

재료

박력분 2컵

버터 200g

베이킹파우더 1작은술

아몬드 파우더 125g

포피 시드 조금

설탕 2컵

올리브오일 250㎖

달걀 2개

샤워크림 1컵

레몬 제스트 2큰술(소금 넣
은 물을 끓여 레몬을 살짝 데치
거나 베이킹 소다로 레몬 껍질
을 깨끗하게 닦아서 강판에 갈
아 만든다)

레몬즙 3큰술

글레이즈 재료

슈거 파우더 1컵

레몬즙 2큰술

소금 ⅛작은술

레시피

1. 팬에 버터를 바르고 밀가루를 버터에 묻을 정도로 톡
   톡 뿌려 준다(대신 유산지를 깔아도 된다).

2. 박력분은 덩어리지지 않도록 채에 거른다.

3. 말랑해진 버터에 설탕을 섞어 준 뒤, 설탕이 어느 정
   도 녹으면 달걀, 샤워크림, 포피 시드를 넣는다.

4. 3에 박력분, 베이킹파우더를 세 번으로 나눠 넣은 뒤
   (뭉치지 않도록), 레몬즙과 제스트를 넣어 섞는다.

5. 160℃로 예열한 오븐에서 50분간 굽는다. 집집마다
   오븐이 다르니 겉면이 황금색일 때 젓가락으로 익었
   는지 찔러보면 알 수 있다.

6. 구운 케이크 위에 글레이즈 재료를 잘 섞은 후 뿌려
   준다.

우리 아이들이 제일 좋아하는 빵은 단 하나,

바로 바게트 빵입니다.

빵집에 가면 아이들 손에 잡힌 건 늘 바게트 빵뿐이었어요.

그러던 어느 날 아이의 학교 친구 엄마가 만들어 준

'레몬 포피 시드 파운드 케이크'를 한 입 먹어 본 순간

아이들이 모두 맛있다고 칭찬해서

레시피를 받아 만들게 되었답니다.

그 뒤로 레몬 포피 시드 파운드 케이크는

네 아이가 모두 좋아하는 빵이 되었어요.

제가 맛보아도 새콤달콤 정말 맛있답니다.

아이들이 좋아하는 거라면 엄마는 만들어 주고 싶잖아요.

무엇보다 아이들이 잘 먹는 모습을 보는 게

엄마의 행복이니까요.

Tiramisu

티라미수

재료

달걀 3개
설탕 100g
바닐라 슈거 8g(1포)
생크림 165g
마스카르포네 치즈 250g
레이디핑거(사보아르 과자)
카카오 파우더
에스프레소 1컵
깔루아 1큰술(생략 가능)

레시피

1. 달걀은 흰자와 노른자를 분리하고, 에스프레소 한 컵을 식혀서 준비한다.
2. 달걀노른자, 설탕, 바닐라 슈거를 그릇에 담고 거품기로 젓는다.
3. 마스카르포네 치즈를 넣고 거품기로 좀 더 젓는다.
4. 여기에 살짝 단단해질 정도로 휘핑한 생크림을 섞는다.
5. 달걀흰자는 거품이 단단해질 때까지 거품기로 저은 뒤, 4의 반죽과 섞어 거품이 꺼지지 않도록 한 방향으로 저어 준다(깔루아를 넣고 싶다면 이때 1큰술 넣어 준다).
6. 식힌 에스프레소에 레이디핑거를 담갔다가 재빨리 건져 내어 그릇에 한 줄로 담는다.
7. 달달한 레이디핑거 위에 크림을 듬뿍 쌓아 올리고, 그 위에 다시 레이디핑거를 올리고 크림을 쌓아 올리기를 여러 번 반복한다.
8. 이제 가장 중요한 카카오 파우더 장식으로 마무리한다. 크림 위에 곱게 채에 거른 카카오 파우더를 뿌려 주면 끝.
9. 4시간 정도 냉장 보관해 굳힌 뒤 먹는다.

Hawaiian Spam Musubi

스팸 무스비

재료

쌀 2컵

후리카케 1큰술

참기름 ½큰술

구운 김 4장

스팸 340g

참기름 조금

설탕 2큰술(매실액 1큰술)

맛간장 1큰술

물 ¼컵

슬라이스 치즈 4장

달걀 3개

미림 1큰술

소금 ⅓큰술

레시피

1. 밥물 조금 적게 잡아 밥을 고슬고슬하게 지어 한 김 식힌 뒤, 후리카케와 참기름을 넣고 버무린다.
2. 구운 김을 반으로 자른다.
3. 스팸을 8등분해 자르고 팬에 참기름을 두르고 굽는다. 어느 정도 노릇노릇해지면 설탕, 간장, 물을 넣어 자작하게 졸인다.
4. 슬라이스 치즈를 반으로 자른다.
5. 달걀에 미림, 소금을 넣고 지단을 도톰하게 부친다.
6. 완성한 달걀지단은 스팸과 같은 크기로 잘라 준비한다.
7. 깻잎을 흐르는 물에 깨끗이 씻어 반으로 접어 한 장씩 사용한다.
8. 김 위에 무스비용 틀을 올리고 밥-스팸-치즈-깻잎-달걀-밥 순서로 재료를 차곡차곡 담고 누른 뒤 틀에서 꺼내 김으로 감싸 준다. 무스비용 틀이 없다면 스팸 용기를 활용하자. 스팸 용기에 비닐 랩을 깔고 밥-스팸-치즈-깻잎-달걀-밥 순서로 재료를 쌓아 준 뒤 용기에서 꺼내 김으로 감싸 주면 완성.

아이들 소풍날이 다가오면 도시락으로 무얼 싸 줄까 고민하죠.

김밥은 손이 많이 가고 주먹밥은 조금 성의 없어 보여요.

우리 아이들은 소풍 도시락에 스팸 무스비를 만들어 싸 줘요.

스팸 무스비는 햄과 야채, 밥, 김만 있으면 예쁘게 만들 수 있죠.

아이들이 평소 강한 향 때문에 깻잎을 잘 먹지 않잖아요.

그런데 무스비를 만들면 깻잎도 맛있게 먹어요.

저는 아이들이 좋아해서 무스비를 자주 만들다 보니

스팸 길이로 사이즈를 맞춰 딱 맞게 아크릴로 제작해서 쓰고 있어요!

Rice Balls

주먹밥

재료

쌀 3컵
맛간장 3작은술
설탕 1작은술
소금 2작은술
참기름 3작은술
흑임자 2작은술

소고기 양념 재료

소고기 100g
고추장 3작은술
고춧가루 1작은술
물엿 1작은술
맛간장 1작은술
설탕 1작은술
참기름 1작은술
다진 마늘 1작은술

레시피

1. 밥을 지어서 재료를 분량대로 넣고 버무린다.
2. 소고기 양념 재료를 팬에 넣고 함께 볶아 소고기 고추장을 만든다.
3. 주먹밥 틀에 조미된 밥을 깔고 소고기 고추장을 넣은 뒤 다시 밥으로 덮어 모양을 만든다.
4. 틀에서 꺼낸 주먹밥에 지리멸치와 살짝 볶은 아몬드 슬라이스를 뿌려 장식한다.

LA Beef Ribs

LA 갈비

재료

LA 갈비 2kg

양념장 재료

진간장 200㎖

물 200㎖

맛술 200㎖

배즙 200㎖

설탕 100㎖

다진 마늘 ½컵

다진 생강 ½큰술

후추 조금

참기름 4큰술

다진 파 ½컵

레시피

1. 갈비는 찬물에 3~4시간 가량 담가 핏물과 불순물을 제거한다.

2. 진간장과 맛술을 비롯한 모든 양념장 재료를 분량대로 섞어 갈비에 부어 2시간 이상 재웠다가 그릴이나 팬에 굽는다.

아이들과 캠핑을 가거나 야외로 나들이 갈 때

고기를 구워 먹는 경우가 많아요.

생고기를 굽기도 하지만

살짝 양념한 고기를 아이들은 더 좋아해요.

저희 집에서 불을 지펴 고기를 굽는 담당은 아빠예요.

아빠가 고기를 굽기 시작하면

둘째 아들은 재빨리 마시멜로를 꼬챙이에 끼워서

노릇노릇 맛있게 구워 가족에게 하나씩 나눠 주지요.

다함께 하하호호 즐겁게 먹으니 얼마나 더 맛있겠어요!

Citron Dressing

유자 드레싱

재료

양파 ¼개

깻잎 3장

레몬즙(혹은 식초) 2큰술

화이트 와인 비니거 50㎖

올리브오일 80㎖

국간장 4큰술

유자청 3큰술

소금·후추 조금

레시피

1. 양파와 깻잎을 깨끗이 씻어 4등분해 자른다.

2. 믹서에 양파, 레몬즙(혹은 식초), 화이트 와인 비니거, 올리브오일, 국간
   장을 넣고 간다.

3. 믹서에 유자청, 깻잎, 소금과 후추를 넣고 한 번 더 살짝 갈아 준다.

삶은 문어에 참나물을 곁들인

샐러드를 만들 때 유자 드레싱을 사용해요.

봄기운을 가득 머금은 싱싱한 참나물과 삶은 감자,

담백한 문어에 상큼한 유자 드레싱을 뿌리면

건강에 좋고 맛도 좋은 요리가 돼요.

문어는 저수분 냄비에

약불에서 천천히 익혀야 질겨지지 않아요.

이 과정이 번거롭다면 마트에서 쉽게 구입할 수 있는

자숙문어를 사용해도 괜찮아요.

여기에 삶은 감자를 곁들이면

손님 접대 요리로 손색이 없죠!

Kiwi Dressing

키위 드레싱

재료

키위 3개

양파 ¼개

올리브오일 120㎖

식초 60㎖

얇게 썬 파인애플 ¼개

파인애플 통조림 국물 1큰술

소금·후추 조금

레시피

1. 키위와 양파는 갈기 쉽게 사등분해 칼로 자른다.

2. 믹서에 자른 키위와 양파, 올리브오일, 식초, 얇게 썬 파인애플, 파인애플 통조림 국물, 소금과 후추를 한데 넣어 갈아 준다.

서양요리에 사용할 드레싱 또는 피클을 만들 때

저는 하인즈 식초를 사용해요.

피클이나 장아찌도 자주 만드는 편이라서

작은 유리병에 담긴 것으로는 감당이 안 되더군요.

그래서 대형마트에 들르면 하인즈 식초를

무조건 대용량으로 구입해 두죠.

그러면 오랫동안 걱정없이 쓸 수 있어요.

저는 피클이나 드레싱을 만들 때는

함께 먹는 사람의 입맛도 생각해요.

먹는 사람이 양파 맛을 부담스러워 하면

아주 조금만 넣어도 돼요. 저희 아이들은

양파를 빼고 만든 드레싱을 잘 먹더라고요.

Pink Salad

핑크 샐러드

재료
사과 1개
단감 1개
샐러리 조금
삶은 감자(생략 가능) 조금

드레싱 재료
마요네즈 6큰술
설탕 1큰술
소금 조금
레몬즙 1큰술
으깬 딸기 3알

레시피
1. 사과는 껍질채 깍둑썰기 한다.
2. 단감은 껍질을 벗겨 먹기 좋게 썰고, 샐러리는 2~3㎝ 길이로 썬다.
3. 마요네즈, 설탕, 소금, 레몬즙, 으깬 딸기를 분량 대로 넣어 드레싱을 만든다.
4. 모든 재료를 볼에 담고 드레싱을 뿌려 잘 섞는다.

어린 시절 먹던 추억 속 샐러드 '사라다'를 기억하죠?

명절이나 어른들 생일이면 이 집 저 집

상 위에 사라다가 빠지지 않았어요.

그 시절에는 맛을 몰랐는데, 어른이 되고 보니

가끔 그리워서 직접 만들게 되었답니다.

저는 사라다를 조금 업그레이드 시켜 봤어요.

집에 있는 각종 과일과 채소에 딸기를 으깨서 넣는 거죠.

우리 아이들은 '핑크 샐러드'라고 부른답니다.

아주 작은 변화지만, 딸기를 으깨 넣으면

예쁜 핑크색에 맛도 새콤달콤해서

아이도 어른도 좋아할 만한 새로운 요리가 탄생하죠.

Tuna Baguette Canape

참치 바게트 카나페

재료

바게트 ½개

샐러드용 채소와 오이

삶은 달걀 1개

참치 드레싱 재료

통조림 참치 100g

다진 양파 2큰술

마요네즈 2큰술

다진 피클 1큰술

다진 피망 1큰술

레몬즙 1작은술

슬라이스 치즈 1장

소금·후추 약간

레시피

1. 바게트는 먹기 좋게 4~5㎝ 길이로 자른다.

2. 참치는 기름기를 완전히 뺀 뒤 나머지 참치 드레싱
   재료와 함께 볼에 담고 잘 섞는다.

3. 삶은 달걀은 먹기 좋게 잘라 준비한다.

4. 바게트 위에 오이와 참치 드레싱을 올린 뒤 삶은 달
   걀로 장식해 마무리한다.

Radish Pickles

무 피클

재료

무 1kg

물 4컵

설탕 1컵(200㎖)

꽃소금 2큰술

피클링 스파이스 1큰술

식초 1컵

레시피

1. 피클 담을 유리병은 깨끗이 씻어 냄비에 거꾸로 넣고 물을 끓여 소독
   한다.

2. 무는 깨끗이 씻어 껍질을 벗긴 뒤 먹기 좋은 크기로 썬다.

3. 물, 설탕, 꽃소금, 피클링 스파이스를 한데 넣고 끓인 후 식초를 붓는다.

4. 절임 물이 뜨거울 때 무에 붓는다.

hydrangea_garden's story

피클은 무만 넣어 만들어도 상큼하고 맛있지만,
다양한 채소를 함께 먹고 싶다면
오이, 당근, 피우라, 자색 양배추, 비트, 연근,
고추(청양고추도 가능) 등을 넣어 만들어도 좋아요.
저는 피클링 스파이스가 입 안에서 씹히는 게
좋지 않아서 절임 물을 만들 때 피클링 스파이스를
거름망에 넣어 끓인 뒤 식으면 건져 내요.
그러면 먹을 때 씹히지 않아 좋아요.

Fried Tofu Rice Balls
유부 초밥

재료

밥 2공기
유부 10장
검은깨 1큰술
참기름 1작은술
연근 ¼개
피망 조금

유부 조림장 재료

간장 2작은술
맛술 2작은술
물엿 1작은술
설탕 1작은술
다시마물 100㎖

배합초

식초 5작은술
설탕 4큰술
소금 1큰술

레시피

1. 미나리는 끓는 물에 살짝 데친 뒤 찬물에 식혀 물기를 꼭 짠다.
2. 유부 조림장 재료를 냄비에 붓고 유부를 넣어 살짝 갈색빛을 띨 때까지 조린 뒤 양념장이 흐르지 않도록 꼭 짠다.
3. 연근은 껍질을 벗겨 얇게 저며 썬 후 소금과 식초를 넣은 물에 살짝 데친다.
4. 조린 유부 속에 초밥을 채우고 연근과 피망을 얹은 다음 미나리로 묶어 고정시킨다.

Citron Orangeade

유자 오렌지에이드

재료

오렌지 2개

유자청 2큰술

탄산수 200㎖

얼음 조금

레시피

1. 껍질을 벗긴 오렌지를 착즙기나 믹서에 넣고 곱게 간다. 스퀴즈를 이용
   한다면 껍질째 즙만 짜낸다.
2. 1에 유자청을 섞는다. 유자 알갱이가 입안에서 씹히지 않게 하려면 유
   자청을 채에 거른 뒤 즙만 오렌지 즙과 섞는다.
3. 탄산수와 얼음을 넣어 시원하게 마신다.

Blueberry Banana Smoothie

블루베리 바나나 스무디

재료

바나나 1개
블루베리 1컵
플레인 요거트 1개
우유 200㎖
물 150㎖

잘게 다진 코코넛 가루 조금
애플민트 잎 3~4장
레몬 주스 2큰술
얼음 조금
꿀과 설탕 조금

레시피

1. 믹서에 요거트와 우유, 블루베리와 물, 껍질을 벗긴 바나나를 넣고 간다. 시원하고 새콤달콤한 맛을 원하면, 얼음과 레몬 주스를 넣는다.
2. 스무디를 컵에 담은 뒤 잘게 다진 코코넛 가루를 뿌리고 애플민트 잎으로 장식한다.

저는 아이들을 위해 스무디에 플레인 요거트를 넣어 영양을 보충해 주는 편인데요. 플레인 요거트 대신 바닐라 아이스크림을 한 스푼 넣어도 괜찮아요. 새콤달콤한 맛을 좋아하는 아이라면 레몬 주스와 얼음을 조금 넣어서 갈아 주면 잘 먹어요.

"

결혼하고 처음으로 닭을 손질하던 날을 잊을 수 없어요. 털 없는 생닭의 모습이 신선한 충격이었죠. 그동안 먹기만 하고 만들어 보질 않았으니 뭘 알겠어요. 첫 경험은 다소 충격적이었지만, 이제는 언제든 만들 수 있을 만큼 닭 손질이 손에 익었어요. 특히 땀을 많이 흘리는 여름에 가족에게 영양 보충을 해 주고 싶을 때는 밥을 짓고 누룽지까지 만들어 쫄깃하고 고소한 누룽지 백숙을 만들어요. 밥을 양념해서 짓기 때문에 아이들도 맛있게 먹어요.

"

SUMMER TABLE

chapter two

시원한 여름 식탁

Acorn Jelly in Cold Broth
묵사발

재료

도토리묵 1모(300g)

김치 80g

오이 50g

김 가루 조금

깨소금 조금

가다랑어포 육수 600㎖(물 2ℓ+다시마 10g

+가다랑어포 한 주먹)

집 간장 2큰술

하인즈 식초 4큰술

설탕 2큰술

올리고당 2큰술

소금 ⅓큰술

고춧가루 ½큰술

혼다시 ¼큰술

가다랑어포 육수 만들기 물 2ℓ, 다시마 10g을 약불에서 10분 정도 끓인다. 불을 끈 다음 가다랑어포를 한 주먹 넣고 5분 뒤 망에 걸러 낸다.

도토리묵 만들기 도토리 가루와 물을 5대1 비율로 섞은 뒤 소금과 식용유(식용유 대신 참기름이나 들기름을 넣어도 맛있다)를 조금씩 넣고 중약불에서 서서히 끓인다. 한 방향으로 계속 저어야 뭉치지 않고 쫀득한 식감이 된다. 걸쭉해지면 틀에 부어 식힌 뒤, 냉장고에 하루 정도 두면 탱글탱글한 묵이 완성된다.

레시피
1. 가다랑어포 육수(600㎖)에 집 간장, 식초, 설탕, 올리고당, 소금, 고춧가루, 혼다시를 넣고 냉동실에서 2시간 정도 얼린다.
2. 도토리묵을 채 썰듯 길게 잘라 그릇에 담고, 살얼음을 걷어 낸 가다랑어포 육수를 붓는다.
3. 김치, 김 가루, 오이를 올린다.

묵사발은 제가 정말 좋아하는 요리예요.

계절에 상관없이 시원하게 즐길 수 있어서

저희 집 냉장고에는 늘 도토리 가루가 가득 들어 있죠.

밥 대신 묵사발 한 그릇 먹고 나면 속이 든든하고,

신김치(묵은지)에 참기름 넣고 버무린 묵사발에

김 가루를 얹어 먹으면 입맛이 확 살아나요.

그런데 묵사발을 맛있게 만들려면

꼭 집에서 손수 쑨 도토리묵을 사용해 보세요.

마트에서 사 온 묵과는 비교가 안 될 만큼

식감이 쫄깃하고 탱글탱글하답니다.

Ricotta Cheese

리코타 치즈

재료

우유 1ℓ

생크림 500㎖

플레인 요거트 150㎖

레몬즙(레몬 2개 분량)

꽃소금 1큰술

설탕 1과 ½큰술

레시피

냄비로 만들 때

1. 냄비에 우유, 생크림, 플레인 요거트를 모두 넣은 뒤 중약 불에서 따듯한 기운이 느껴질 정도로만 살짝 데운다. 거품이 끓어오르기 전에 불에서 내린다.
2. 불을 끈 다음 레몬즙, 꽃소금, 설탕을 넣어 잘 섞는다.
3. 한 김 식힌 뒤 면포나 거즈에 부어 거른 후 서늘한 곳에 1시간 정도 두었다가 냉장고로 옮겨 굳힌다.

전기밥솥으로 만들 때

1. 전기밥솥에 우유, 생크림, 플레인 요거트를 모두 넣어 섞은 후 보온 상태로 5~6시간 둔다.
2. 채에 면포나 거즈를 깐 후 1을 붓고 3시간 정도 물기가 빠지도록 둔다. 재료는 면포나 거즈로 덮는다.
3. 2를 면포나 거즈로 싸고 냉장고에서 보관한다.

리코타 치즈는

우유의 유청을 이용해 만드는 이탈리아 치즈예요.

집에서도 쉽게 만들 수 있는데요.

하나 주의할 점이 있어요.

리코타 치즈를 만들기 위해 우유를 구입할 때는

저지방 우유를 선택하면 안 된답니다.

저지방 우유로 치즈를 만들면

모양이 흐물흐물해지기 때문이에요.

리코타 치즈는 열탕 소독한 밀폐 용기에 담아 두면

일주일 정도 냉장 보관할 수 있어요.

바게트 빵, 크래커, 팬케이크, 토스트 등에 바르거나

샐러드에 얹어 먹어요.

리코타 치즈는 여러 가지 요리에 사용할 수 있어서

한 번 만들어 둔 뒤 두루두루 곁들여 내다 보면

금세 바닥이 보이고 말죠.

Spicy Sea Snails Salad
골뱅이무침

재료

골뱅이 통조림 1캔

배 ¼개

오이 ½개

깻잎 2~3장

쑥갓 한 줌

양파 ¼개

대파 조금

청홍 고추 1개

새싹 채소 조금

양념장 재료

간장 2큰술

설탕 1큰술

식초 1큰술

고춧가루 2큰술

참치액젓 ½큰술

마늘 1큰술

통깨 1큰술

참기름 1큰술

레시피

1. 골뱅이는 흐르는 물에 씻어 채에 받쳐 놓는다.
2. 새싹 채소는 흐르는 물에 한 번 씻어서 채에 받쳐 놓고, 나머지 채소는 모두 어슷썰기를 한다.
3. 양파, 오이, 쑥갓 등 채소는 양념장을 부어 버무린 다음, 마지막에 골뱅이를 넣어 한 번 더 버무려 준다.
4. 접시에 골뱅이무침을 담은 뒤 새싹 채소를 올려 장식한다.

골뱅이무침은 남편과 아이들은 잘 먹지 않아요. 오직 저와 친구들을 위해 만드는 요리죠. 친구들이 집에 왔을 때 소면까지 삶아 골뱅이무침과 같이 먹으면 손님 초대용 메뉴로 손색이 없어요. 상큼하고 매콤한 맛이 여름철 사라진 입맛을 확 돌게 한답니다.

Summer Radish Kimchi

여름 석박지

재료

무 3kg
대파 흰 부분 3대
물 1컵
그린 스위트 1큰술
소주 1큰술
고춧가루 30g
설탕 15g

과정 4에서 추가할 재료

다진 마늘 30g
다진 생강 30g
새우젓 3큰술
멸치액젓 3큰술
꽃소금 2큰술
밀가루 풀(밀가루 10g에 물
1컵을 섞어 끓인다)

레시피

1. 무는 1cm 두께로 납작하게 썬 뒤 설탕을 뿌려 10분
   정도 절인다.
2. 대파는 두껍게 썰어 듬성듬성 넣는다.
3. 물과 그린스위트, 소주를 분량대로 더해 10분간 그
   대로 둔 뒤 고춧가루를 넣는다.
4. 먼저 무와 대파를 넣어 붉은빛이 돌 정도로 버무린
   뒤 다진 마늘, 생강 등 나머지 재료를 넣고 한 번 더
   버무린다.

hydrangea_garden's story

저희 아이들 중에 2명은

매운 음식을 잘 먹지 못해서

김치를 좋아하지 않아요.

어떻게 하면 김치를 먹일 수 있을까 고민하다가

석박지를 만들어 보았어요.

물에 한 번 씻은 듯 맵지 않고 감칠맛이 나서

아이들도 부담 없이 먹더라고요.

그 뒤로 석박지는 우리 집 여름 밥상에

빠지지 않는 반찬이 되었답니다.

Boiled Chicken with Scorched Rice

누룽지 백숙

재료

토종닭 1마리
엄나무 1개
수삼 1뿌리
대추 5알
밤 4톨
은행 5알
찹쌀 1과 ½컵
물 2ℓ

누룽지 밥

불린 찹쌀 1과 ½컵
물 300㎖
맛간장 1큰술
소금 1큰술
참기름 1큰술

레시피

1. 냄비에 누룽지 밥 재료를 모두 넣고 밥을 짓는다. 밥이 끓으면 약불로 줄여 뚜껑을 덮고 누룽지를 만든다. 전기밥솥에 누룽지 기능을 이용해도 된다.
2. 물 2ℓ를 냄비에 담고 끓인다. 끓기 시작하면 토종닭, 엄나무를 넣고 20분간 더 끓인다.
3. 수삼을 넣고 20분간 더 끓인다.
4. 대추와 밤, 은행을 넣고 20분간 더 끓인다.
5. 4에 누룽지와 밥을 넣고 한 번 더 끓인다.

hydrangea_garden's story

땀을 많이 흘리는 여름에

가족들에게 영양보충을 해주고 싶을 때

자주 만드는 요리가 누룽지 백숙이에요.

평범한 백숙에 누룽지를 넣는 게 신의 한 수죠.

식감이 쫄깃하고 맛은 고소해지거든요.

또 밥도 미리 양념해서 짓기 때문에 아이들 입맛에도 잘 맞아요.

밥 지을 때 간장을 넣는데, 맛간장이 아니면 제맛이 안 나요.

꼭 맛간장을 사용하세요.

5월경에 나오는 햇양파로 장아찌를 만들면 달콤하고 맛있어 여름 내
내 먹는 훌륭한 밑반찬이 되죠. 여름철 보양식인 닭백숙과 함께 먹으
면 맛이 잘 어울리는데요. 양파 장아찌는 먹기 2~3일 전에 만들어서
숙성해야 간이 잘 맞는답니다.

Onion Pickles

양파 장아찌

재료

햇양파 4~5개

맛간장 1컵

설탕 2작은술

하인즈 식초 150㎖

레시피

1. 냄비에 분량의 맛간장과 설탕을 넣고 끓인다.

2. 1에 하인즈 식초를 붓는다.

3. 채 썬 양파에 장아찌 절임 물을 붓는다. 뜨거울 때 부어야 아삭아삭한
   양파의 식감이 살아 있다. 장아찌는 2~3일간 냉장 숙성한 뒤 먹는다.

Spicy Cold Chewy Noodles
쫄면

재료

양배추 조금

깻잎 1장

당근 ¼개

콩나물 한 줌

오이 ½개

삶은 달걀 1개

참기름 조금

통깨 조금

쫄면 사리 한 줌

양념장 재료

매운 고추장 2컵

2배 식초 ½컵

꿀 ½컵

설탕 4큰술

다진 마늘 2큰술

사이다 3큰술

꽃소금 1큰술

연겨자 1큰술

양파 ½개

사과 ½개

배 ¼개

레시피

1. 양념장 재료를 모두 믹서에 넣고 갈아 준다. 이때 사과, 배, 양파는 갈기 쉽게 잘라 준다.

2. 쫄면은 끓는 물에 삶아 찬물에 씻은 뒤 물기를 뺀다.

3. 사리를 그릇에 담고, 그 위에 얇게 채 썬 채소를 올리고 통깨와 참기름, 양념장을 뿌린 뒤 삶은 달걀을 올린다.

쫄면에 들어가는 채소는 집에 있는 다른 채소로 얼마든지 바꿀 수 있어요. 다만 콩나물은
끓는 물에 살짝만 데쳐야 아삭한 식감이 살아 있어요. 쫄면 양념장을 한 번에 많이 만들어
두면 여름날 무더위에 지칠 때 간편하게 자주 해 먹을 수 있어요.

Sweet Pumpkin Milk Soup

단호박 밀크 스프

재료

단호박 1개(500g)

우유 150㎖

생크림 100㎖

소금 ⅓큰술

꿀 3큰술

레시피

1. 단호박은 반으로 갈라 씨를 제거한 뒤 찜기에 쪄서 익힌 상태로 준비한다.
2. 잘 익은 단호박은 껍질을 벗긴 뒤 잘게 썰어 우유, 생크림과 함께 믹서에 넣고 간다. 이때 소금과 꿀로 간을 맞춘다.

생 단호박 껍질을 과일처럼 덩어리째

벗기려고 하면 힘만 들고 잘 벗겨지지 않아요.

반을 잘라서 씨를 빼고 찜기에 찐 뒤에

채칼로 벗겨야 껍질을 벗기기 수월하죠.

단호박이 뜨거울 때 갈면 따뜻한 스프로 먹을 수 있고,

냉장 보관하면 차갑게도 먹을 수 있어요.

뜨거울 때는 아침 식사 대용으로 먹어도 속이 든든하고,

차갑게 먹으면 여름철 아이들을 위한 영양 간식으로 제격이죠.

Peanut Butter Shake

피넛 버터 셰이크

재료

피넛 버터 80g
바닐라 아이스크림 90g
우유 100㎖

레시피

믹서에 피넛 버터와 바닐라 아이스크림, 우유를 한꺼번에 넣고 섞어 준다.

집 근처 햄버거 가게에 들렀다가 피넛 버터 셰이크라는 메뉴를 보고 깜짝 놀란 적이 있어
요. 도대체 무슨 맛일지 짐작이 되지 않아서요. 그런데 큰아이와 남편이 아주 맛있다면서
먹는 모습을 보고 저도 집에서 가끔씩 만들게 됐죠. 칼로리는 제법 높지만, 한 번 먹으면
고소하고 달콤한 맛이 입안에 맴돌아 다시 찾게 되죠.

113

Mango Yogurt

망고 요거트

재료

망고 1개

플레인 요거트 1개

꿀 조금

레시피

1. 망고씨에 붙은 과육을 긁어서 예쁜 유리병에 담는다.

2. 요거트를 붓고 망고를 깍둑 썰어 올린 뒤 꿀을 넣는다.

요거트에 들어 있는 당분 때문에

아이에게 먹이기 꺼려질 때가 있죠?

저는 아이들에겐 주로 무가당 그릭 요거트를 주는데요.

요거트만 주면 잘 먹지 않아, 과일과 꿀을 얹어 준답니다.

카레 요리를 자주 해서 먹는데요.

망고 요거트를 만들어 곁들이면

인도 음식 파는 식당에 온 것 같다며 아이들도 좋아해요.

망고와 오렌지, 플레인 요거트, 꿀과 얼음을 함께 넣어

곱게 갈아 마시면 기분 좋은 호캉스가 따로 없답니다.

참, 망고 중에는 6~8월에 맛볼 수 있는

제주 애플망고가 특히 달고 맛있더라고요!

음료를 사 먹은 뒤에 예쁜 유리병은 깨끗이 닦아

그릇장에 차곡차곡 모아 두었다가 이럴 때 꺼내서 사용하죠.

아이들이 무척 좋아해요.

Watermelon Feta Cheese

수박 페타 치즈

재료

수박 ½통
페타 치즈 조금

레시피

1. 수박과 페타 치즈를 네모 모양으로 예쁘게 자른다.

2. 수박 위에 페타 치즈를 얹어 꼬치로 예쁘게 찍어서 먹는다. 애플민트를
   올리면 더욱 향긋한 맛을 즐길 수 있다.

Lemon Strawberry Sherbet
레몬 딸기 셔벗

재료
딸기 1팩(500g)
레몬 2개분 즙
레몬 제스트
소금 ⅓작은술

시럽 재료
물 120㎖
설탕 150g

레시피
1. 소스 팬에 분량의 설탕과 물을 넣고 중약 불에서 3분가량 끓인 뒤 식혀 시럽을 만든다.
2. 딸기는 깨끗이 씻어 꼭지를 딴 뒤 시럽과 재료를 함께 믹서에 넣어 곱게 간다.
3. 예쁜 틀에 담아 냉동실에서 얼린 뒤, 아이스크림 스쿠프로 떠서 그릇에 담아 먹는다.

레몬과 딸기의 새콤달콤한 맛이 잘 어우러져 여름철에 아이들이 아이스크림을 찾을 때 주면 딱 좋아요. 제철 딸기로 만들어야 가장 영양이 풍부하지만, 요즘은 냉동 딸기도 잘 나와 있어서 계절에 상관없이 만들어 먹을 수 있어요.

Sweet Pumpkin Tomato Red Curry

단호박 토마토 레드 커리

재료

다진 돼지고기 200g

(다진 소고기, 닭고기, 해물로 대체 가능)

토마토 250g

단호박 100g

코코넛 밀크 400㎖

우유 100㎖

레드 커리 2큰술

완두콩 100g

식용유 2큰술

피시 소스 1큰술

설탕 1큰술

브로콜리와 샐러리 조금

(완두콩으로 대체해서 사용해도 좋다)

소금·후추·청주 조금

레시피

1. 냄비에 식용유 2큰술을 두른 뒤 레드 커리 2큰술을 넣어 볶는다

2. 소금, 후추, 청주로 밑간한 다진 돼지고기를 넣어 5분 정도 볶는다.

3. 토마토를 다져 넣는다.

4. 얇게 썬 단호박을 넣고 소금으로 간한 뒤 저어 준다.

5. 재료가 뭉글뭉글해지면 코코넛 밀크를 넣어 중약 불에서 20분간 끓인다.

6. 우유를 넣어 농도를 조절한다.

7. 피시 소스 1큰술, 설탕 1큰술을 넣는다.

8. 끓는 물에 데친 완두콩을 넣어 완성한다.

레드 커리에 바삭한 새우튀김을 곁들이면 손님 접대 요리로도 손색이 없어요. 새우는 밀가루-달걀-빵가루 순서대로 묻혀서 2번 튀겨야 바삭하고 맛있어요. 바삭한 새우튀김의 비결이에요.

Cold Pasta

냉파스타

재료
방울토마토 10개
참치 1캔(200g)
펜네 200g
생 모차렐라 치즈100g
올리브와 케이퍼 조금

소스 재료
레몬 ½개분 즙
발사믹 식초 1큰술
씨 겨자 1큰술
소금 ⅓큰술
오일 5큰술
후추 조금

레시피
1. 소스는 레몬, 발사믹 식초, 씨 겨자를 섞고 소금, 오일, 후추를 넣어 준비한다.
2. 펜네를 삶아 차가운 물에 헹군 뒤 물기를 뺀다.
3. 펜네에 소스와 방울토마토를 넣고 버무린다.
4. 생 모차렐라 치즈, 올리브와 케이퍼를 파스타 위에 올린다.
5. 참치는 부서지지 않게 마지막에 올려 마무리한다.

Matured in Sugar Passion Fruit
패션 프루트 청

재료

패션 프루트 5kg

설탕 4kg

레시피

1. 패션 프루트를 반으로 자른 뒤 껍질 속에 과육과 씨, 즙을 모두 발라 낸다.

2. 과육과 설탕을 분량대로 섞어 열탕 소독한 병에 담는다. 설탕이 녹으면 프루트 청을 바로 먹을 수 있다.

hydrangea_garden's story

패션 프루트는 백 가지 향을 지닌 열대 과일이라서 '백향과'라고 불러요. 껍질의 보라색
색감도 예쁘지만 달콤한 향을 맡으면 저절로 입안에 침이 고여요. 저희 집에서는 막내딸
이 과육을 숟가락으로 발라 주는 일을 담당하는데요. 즐겁게 엄마를 돕는 예쁜 딸과 함께
패션 프루트 청을 만들다 보면 시간 가는 줄 모르지요. 언젠가 막내도 어른이 되어 딸과
함께 이런 소중한 추억을 만들어 가겠지요?

Mushroom Salad

버섯 샐러드

재료

각종 버섯(표고, 양송이, 느타
리, 팽이, 송이 등) 200g씩
새싹 채소 조금
소금·후추 조금

드레싱 재료

홀그레인 머스터드 1큰술
설탕 ½큰술
간장 4큰술
식초 3큰술

레시피

1. 버섯은 흐르는 물에 살짝 씻어 먹기 좋게 자른다.
2. 가열한 그릴 팬에 버섯을 올리고 소금과 후추를 뿌려
   굽는다.
3. 구운 버섯에 드레싱 재료를 넣어 버무린다.
4. 새싹 채소를 고명처럼 올려 먹으면 상큼한 버섯 샐러
   드가 완성된다.

Watermelon Lemonade
수박 레모네이드

재료

수박 850g

생 레몬즙 150㎖

얼음 10개

로즈메리 시럽 250㎖

로즈메리 시럽 만들기

물 2컵, 설탕 1컵, 생 로즈메리 다진 것 1큰술을 냄비에 넣어 중약 불에서 10분 정도 끓인다. 불을 끄고 1시간 정도 식힌 뒤 채에 거른다.

레시피

1. 믹서에 분량의 수박, 생 레몬즙, 얼음, 로즈메리 시럽을 넣고 갈아 준다. 시럽 양은 개인의 취향에 따라 조절한다.

더운 여름날 큰맘 먹고 수박 한 통을 샀는데 기대와 달리 단맛이라곤 전혀 나지 않으면 무척 속상하죠. 이
럴 땐 속상한 기분도 떨쳐 낼 겸 시원하게 마시기 좋은 음료가 있어요. 상큼한 수박 주스에 로즈메리 시럽
을 넣은 수박 레모네이드예요. 냉동 딸기도 함께 넣어 갈면 어린 시절 더위를 식혀 주던 추억의 아이스크
림 '쭈쭈바'가 부럽지 않을 정도로 맛있는 수박 딸기 주스가 된답니다.

"

오미자는 새콤한 맛, 달콤한 맛뿐 아니라, 쓴맛, 짠맛, 매운맛 등 다섯 가지 맛이 나는 신비한 열매랍니다. 여름에서 가을로 넘어갈 때 생 오미자를 수확하는데요. 이때는 꼭 오미자를 사서 오미자 청을 만들어요. 오미자 청을 물에 탄 뒤 과일을 예쁜 모양 틀에 넣어 잘라서 동동 띄우면 보기도 좋고 건강에도 좋은 음료가 탄생하죠. 오미자 청으로 화채를 만들어도 좋아요.

저는 아이들을 불러 모아요. 저마다 마음에 드는 모양틀로 함께 과일을 자르죠. 아이들도 자신이 만든 모양의 과일이 들어간 오미자 화채를 무척 좋아한답니다.

"

FALL TABLE

chapter three

풍성한 가을 식탁

Balsamic Dressing

발사믹 드레싱

재료

엑스트라 버진 올리브오일 150㎖

홀그레인 머스터드 2큰술

발사믹 비니거 25㎖

설탕 1큰술

소금 ½큰술

후추 ¼큰술

생 허브 혹은 말린 허브 1큰술

(바질, 타임, 오레가노, 로즈메리 등)

레시피

1. 올리브오일을 제외한 나머지 재료를 분량대로 믹서에 넣고 섞어 준다.

2. 올리브오일은 마지막에 넣어 섞는다.

balsamic
dressing

생 허브라면 1큰술을 넣지만 강한 향이 나는

말린 허브라면 1작은술만 넣어도 충분해요.

구운 베이컨에 발사믹 드레싱을 곁들이면 느끼한 맛이 싹 사라져요.

베이컨은 전자레인지에서 키친타월로 감싸 돌려 주면

과자처럼 바삭바삭한 식감을 즐길 수 있어요.

에어 프라이어로 190℃에서 2~3분 정도 구우면 더 맛있어요.

기름기 쏙 빠진 베이컨칩처럼 만들 수 있어요.

Tomato Kimchi

토마토 김치

재료

토마토 1kg (작은 토마토 14개,
큰 토마토 6개 정도)

무 300g

양파 100g

당근 50g

양념 재료

고춧가루 2큰술

소금 1큰술

설탕 2큰술

매실 엑기스 1큰술

다진 마늘 2큰술

생강 1큰술

멸치액젓 1큰술

새우젓 1큰술

배 ½개

양파 1개

갈아 놓은 붉은 고추 4개

썬 쪽파 3큰술

부추 한 줌

레시피

1. 토마토는 십자(十) 모양으로 자른 뒤 끓는 물에 살짝
   데쳐 껍질을 벗긴다.

2. 무는 1cm 길이로 자른 뒤 단면을 다시 8조각으로 자
   른다.

3. 고춧가루를 비롯한 양념 재료는 한데 섞어 버무린
   뒤 십자(十) 모양으로 자른 토마토에 꽉꽉 눌러 넣거
   나 함께 버무린다.

hydrangea_garden's story

토마토 김치를 만들 때 토마토는
푸른빛을 띤 작고 단단한 것을 고르세요.
싱싱한 토마토의 식감을 좋아하면
빨간 생 토마토에 바로 양념을 버무려 넣어 먹고,
토마토 껍질이 씹히는 식감이 싫으면
살짝 익혀 토마토 껍질을 벗겨서
양념을 버무려 넣어도 좋아요.
시간이 지나면 토마토에서 수분이 나오기 때문에
겉절이처럼 바로 먹는 게 가장 맛있지만
2~3일 정도 냉장 보관하고 먹어도 괜찮아요.

Pesto

페스토

재료

파르메산 치즈 90g

잣(혹은 마카다미아 너트) 30g

마늘 1쪽

생 바질 90g

레몬 껍질 ¼개

엑스트라 버진 올리브오일 150g

소금 ½큰술

레시피

모든 재료를 믹서에 넣고 간다.

hydrangea_garden's story

페스토는 이탈리아를 대표하는 소스 중에 하나예요.
바질을 갈아 넣어서 싱그러운 녹색 빛이 나죠.
절로 건강해지는 느낌이 들어요.
바질이 없으면 루꼴라나 파슬리 등
다른 녹색 채소를 넣어도 좋아요.
파르메산 치즈와 마늘이 들어 있어서
펜네 파스타 면을 삶아
올리브오일과 페스토를 넣어 버무려 먹거나
크래커, 바게트 빵에 발라 먹어도 맛있어요.

Anchovy Butter

안초비 버터

재료

안초비 4마리

버터 2큰술

레시피

1. 버터는 실온에서 부드럽게 만든다.

2. 안초비와 버터를 섞어 완성한다.

짭짤한 안초비의 맛과
고소한 버터 향이 잘 어우러져
바게트 빵에 발라서 먹으면 맛있어요.
안초비는 수입 식자재 가게나
인터넷 쇼핑몰에서 쉽게 구입할 수 있어요.

Steamed Beef Brisket

차돌박이 숙주찜

재료

차돌박이 1팩(500g)

숙주 500g

소금·후추 조금

통깨 소스 재료

생수 2큰술

통깨 2큰술

된장 1큰술

간장 1큰술

미림 1큰술

설탕 ½큰술

식초 ½큰술

레몬즙 ½큰술

청하 ½큰술

레시피

1. 숙주는 깨끗이 씻어 머리와 꼬리를 다듬는다.

2. 믹서에 소스 재료를 모두 넣어 섞는다.

3. 냄비 가장자리에 차돌박이를 두르고 중앙에 숙주를 소복이 쌓은 뒤 소금과 후추로 간한다.

4. 뚜껑을 덮고 물 없이 5분가량 찐 뒤, 통깨 소스에 찍어 먹는다.

hydrangea_garden's story

아이들에게 고기를 먹이고 싶을 때나
손님 초대할 때 아주 빠르고 손쉽게 만들 수 있는 요리예요.
숙주에서 수분이 나오고 차돌박이에서 기름이 나와
물을 전혀 넣지 않고도 찜을 만들어 먹을 수 있어요.
숙주의 아삭아삭함과 차돌박이의 부드러운 식감,
소스의 상큼한 향이 잘 어우러져
고급스러운 풍미를 느낄 수 있죠.

Andong Style Braised Chicken

안동 찜닭

재료

닭 날개와 닭 다리 1kg

납작 당면 150g

양파 ½개

감자 ½개

당근 ⅓개

청양고추 4개

마른 고추 4개

물 200㎖

오이 ½개

대파 1대

양념장 재료

간장 8큰술

중국 간장 1과 ½큰술

설탕 3큰술

물엿 4큰술

생강 2큰술

후추 ½큰술

맛술 2큰술

다진 마늘 2큰술

레시피

1. 닭은 먹기 좋게 손질하고, 납작 당면은 물에 담가 10분 정도 불린다.
2. 냄비에 손질한 닭과 양념장을 넣고 끓으면 중약 불에서 5분간 더 끓인다.
3. 양파, 감자, 당근, 고추 등 채소를 넣고 10분간 더 끓인다.
4. 불린 당면, 오이, 대파를 넣고 3분간 더 끓인다.

저희 식구는 모두 안동 찜닭을 좋아해서 한 달에 적어도 세 번은 만들어 먹어요. 특히 주말 점심에 먹으면 특별한 반찬 없이도 맛있는 한 끼 식사가 되죠. 납작 당면을 넣으면 아이들이 더 좋아한답니다.

간장류, 매실청, 액젓, 참기름, 들기름, 각종 소스류 등은
같은 용기에 담아 손잡이가 달린 수납 박스에 넣어 두면
깊은 곳에 있어도 손쉽게 뺄 수 있어요.
그리고 장볼 때도 한 번에 많은 양을 사지 않아요.
저는 그때그때 필요한 만큼만 조금씩 사서
바로 요리하고 재료를 쌓아 두지 않아요.
냉장고가 가득 차 있으면 빨리 먹어야 할 것 같은
부담감이 생기거든요.

Belgian Liege Waffles
벨기에 리에주 와플

재료

강력분 175g

박력분 75g

설탕 40g

소금 3g

이스트 7g

버터 80g

달걀 1개

우유 90㎖

펄 슈거 1큰술

와플 소스

재료 : 블루베리 100g, 메이플 시럽 5큰술, 설탕 1과 ½큰술, 소금 조금, 레몬즙 조금

1. 냄비에 블루베리, 메이플 시럽, 설탕을 분량대로 넣고 끓인다.
2. 1을 식혀 믹서에 간 다음 다시 끓인다. 재료가 끓으면 소금과 레몬즙을 더해 마무리한다.

레시피

1. 버터는 실온에서 녹인 뒤, 밀가루, 설탕, 소금, 이스트를 넣어 한 덩어리가 되도록 섞는다.
2. 달걀 1개와 미지근한 우유를 넣어 뭉칠 때까지 반죽한다.
3. 두 배로 부풀 때까지 1차 발효한 뒤에 소분해서 냉동 보관한다.
4. 굽기 전 실온에 두어 두 배로 부풀 때까지 2차 발효한다.
5. 반죽에 펄 슈거를 1작은술 뿌린 뒤 노릇노릇 황금색 와플이 되도록 굽는다.

벨기에 리에주에서 만들어 먹는 와플이에요.
우박 설탕이라고도 부르는 펄 슈거가 팬에서 녹으면
캐러멜처럼 와플을 쫀득쫀득하게 만들죠.
꼭 우박 설탕을 쓰세요!

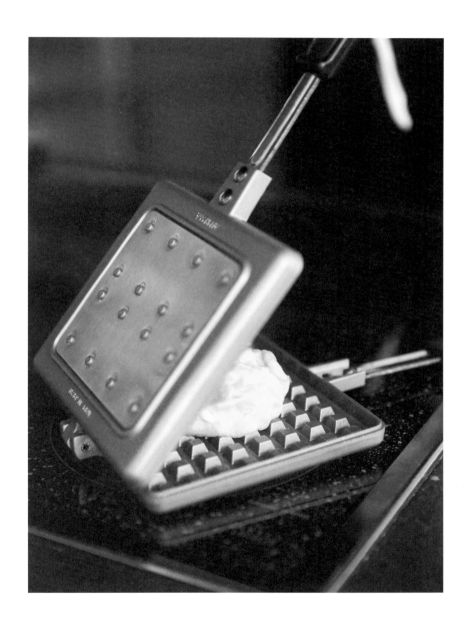

Avocado Toast
아보카도 토스트

재료

아보카도 1개

달걀 1개

구운 식빵 1조각

칠리 플레이크 조금

식초 조금

레시피

1. 수란을 만들기 위해 식초를 넣고 물을 끓인다. 끓는 물을 젓가락으로 살짝 저은 후 국자에 생 달걀을 담아 3분가량 그대로 데운다.
2. 구운 식빵 위에 으깬 아보카도를 고루 바른다.
3. 수란 위에 칠리 플레이크를 뿌린다.

Avocado Coffee
아보카도 커피

재료
아보카도 1개
우유 140㎖
얼음 10개
연유 80㎖
레몬즙과 소금 조금
에스프레소 투 샷

레시피
1. 아보카도, 우유, 얼음, 연유와 레몬즙, 소금을 분량대로 믹서에 넣어 섞는다.
2. 1에 에스프레소를 붓는다.

Brownie
브라우니

재료

다크 초콜릿 245g

버터 200g

백설탕 175g

황설탕 125g

달걀 4개

바닐라 엑스트랙트 2큰술

박력분 115g

레시피

1. 버터와 다크 초콜릿은 중탕으로 함께 녹인다.

2. 박력분은 채로 걸러 입자를 고르게 한다.

3. 녹인 버터와 초콜릿에 설탕을 넣고 젓는다.

4. 달걀과 바닐라 엑스트랙트도 넣어 함께 섞는다.

5. 채에 내린 박력분을 넣고 섞는다.

6. 180℃로 예열한 오븐에서 35~40분가량 굽는다.

브라우니는 초콜릿의 달콤하면서

쌉싸래한 맛이 농축된 최고의 디저트죠.

손님이 오면 브라우니를 구워 대접하는데

그 어떤 빵보다 인기가 좋답니다.

견과류를 넣어서 구우면 더 맛있어요.

그런데 브라우니를 만들 때 백설탕과 황설탕

두 가지로 구분해서 넣는 이유가 있어요.

여러 번 만들어서 먹어 보니 이 비율로 넣을 때

가장 맛과 풍미가 좋더군요.

만약 집에 한 가지 설탕만 있다면

분량만큼 한 가지만 넣어도 괜찮아요.

Piadina

피아디나

재료

토르티야 10인치 1장

무화과(혹은 딸기) 4개

토마토 ½개

포도 조금

부라타 치즈 혹은 생 모차렐
라 치즈

루꼴라(혹은 시금치) 한 줌

바질 조금

바질 페스토 1큰술

디종 머스터드 소스 1큰술

발사믹 글레이즈 조금

트러플 오일 조금

파르메산 치즈 조금

그뤼에르 치즈 조금

레시피

1. 토르티야를 팬에 살짝 굽는다.

2. 구운 토르티야 위에 바질 페스토를 바른 후 디종 머스
   터드 소스를 덧바른다.

3. 자른 과일과 채소, 부라타 치즈를 올린다.

4. 발사믹 글레이즈와 트러플 오일을 뿌린다.

5. 파르메산 치즈, 그뤼에르 치즈도 갈아서 뿌린다.

Quinoa Salad

퀴노아 샐러드

재료
퀴노아 ½컵
방울토마토 10개
오이 1개
적양파 ½개
바질 조금
파프리카 ½개
페타 치즈 조금
블랙 올리브 조금

드레싱 재료
레몬즙 2큰술
레드 와인 비니거 1큰술
다진 마늘 1큰술
올리브오일 5큰술
소금·후추 조금
꿀 조금

레시피
1. 냄비에 퀴노아가 잠길 만큼 물을 담고 10분간 삶는다.
2. 삶은 퀴노아는 채에 담아 찬물에 헹군다.
3. 방울토마토, 오이, 적양파, 파프리카는 잘게 썬다.
4. 퀴노아와 잘게 썬 채소, 드레싱 재료를 한데 넣어 버무린다. 페타 치즈와 바질, 블랙 올리브를 올려 완성한다.

Smoked Salmon with Yam
연어 마 말이

재료
훈제 연어 또는 생 연어 1팩
마 1개

드레싱 재료
호스래디시 소스 2큰술
마요네즈 6큰술
설탕 4작은술
소금 1작은술
레몬즙 2큰술
다진 양파 2큰술

레시피
1. 소스 재료를 모두 믹서에 넣어 섞는다. 드레싱 재료 중 호스래디시 소스는 서양 고추냉이로, 없으면 생략해도 무방하다.
2. 마는 채깔로 껍질을 벗긴 후 손가락 두께와 같이 썬다. 이때 모양은 직육면체가 되게 한다.
3. 연어는 마를 감쌀 만한 크기로 자른다.
4. 연어로 마를 감싸 꼬챙이로 고정시켜 접시에 담고 소스를 뿌린다.

Herb Crusted Lamb Rack

크러스트 양고기

재료

양고기(숄더랙 또는 프렌치랙) 600g

(소금+후추 각각 한 꼬집씩 밑간하여 준비)

디종 머스터드 조금

크러스트 재료

빵가루 1컵

파르메산 치즈 ¼컵(경질 치즈로 갈아

서 준비)

생 이탈리안 파슬리(줄기 포함 한 줌)

생 타임(잎만)

생 로즈마리(잎만)

(타임과 로즈마리를 합친 양이 파슬리 양

의 ⅓이 되도록 준비)

레시피

1. 블렌더에 크러스트 재료를 모두 넣고 올리브오일을 조금 붓고 갈아 준
   다. 소금과 후추 각각 한 꼬집을 넣고 갈아 준다.

2. 양고기는 30분 정도 밑간 후 프라이팬에 올리브오일 두르고 앞뒤로 시
   어링 한다. 미디엄 정도로 구운 뒤 디종 머스터드를 발라 준다(머스터드
   종류에 따라 짤 수 있기 때문에 생략 가능).

3. 2에 갈아 만든 허브가루를 묻혀 예열한 오븐 200℃에서 5~10분 정도
   굽는다.

Vietnamese Spring Rolls
월남쌈

재료
적양배추
오이
당근
고수
새싹 채소
새우
라이스 페이퍼

피시 소스 재료
피시 소스 2큰술
파인애플 통조림 국물 6큰술
라임 주스 2큰술
청양고추 3개

피넛 버터 소스 재료
피넛 버터 1큰술
피시 소스 1큰술
레몬즙 ½작은술
파인 애플 통조림 국물 1과 ½
작은술

레시피
1. 피시 소스 재료를 잘 섞는다.
2. 피넛 버터 소스 재료도 잘 섞는다.
3. 라이스 페이퍼에 좋아하는 채소와 과일, 고기, 해산물을 올려 쌈을 싸서 먹는다.

187

월남쌈은 어떤 재료를 넣어도
맛있는 최고의 건강식이죠.
보통 훈제 오리를 에어 프라이어에 굽거나
삼겹살을 구워 싸 먹기도 해요.
저는 새우를 데쳐서 반으로 갈라 준답니다.
아이들 입맛에도 잘 맞아
서로 몇 개를 먹었는지 뽐내곤 해요.

Omija Punch
오미자 화채

재료

생 오미자 1kg

설탕 1.2kg

딸기 조금

배 ½개

레시피

1. 오미자는 깨끗이 씻어 채반에 받쳐 물기를 제거한 뒤 반나절 정도 말린다.

2. 커다란 볼에 오미자와 설탕을 1대 1로 넣어 골고루 섞이도록 버무린다.

3. 열탕 소독한 병에 차곡차곡 담는다.

4. 오미자 위에 200g의 설탕을 소복하게 덮은 뒤 뚜껑을 닫고 숙성시 킨다.

5. 설탕이 다 녹을 때까지 오미자 청을 얼음물과 섞는다.

6. 딸기와 배는 예쁜 모양 틀로 자른 뒤 오미자 화채에 넣어 먹는다.

저는 그릇을 구입할 때 현란한 색깔보다는

하얀색과 회색을 선호하는 편이에요.

그러면 유행도 타지 않고

장식장에 정리해 놓아도 깔끔하게 보여요.

최근에는 아이들과 공방에 가서

손수 물레를 돌리며 그릇을 만들었어요.

흙의 냄새와 촉감이 마음을 무척 편안하게 해 주더라고요.

아이들도 시간 가는 줄 모를 정도로

재미있게 그릇을 만들었지요.

직접 만든 그릇에 식사를 담아 주니

아이들도 얼마나 뿌듯해하는지 몰라요.

밥맛도 더 좋은 것 같고요.

그릇에 대한 애정도 남달라지더라고요.

특히 딸아이가 엄마를 위해 만들어 준 하트 모양 컵은

결코 잊지 못할 것 같아요.

Sweet Pumpkin Pizza
단호박 피자

재료

피자도우 1장

밀러 소스 조금

단호박 ⅓개

모차렐라 치즈 조금

레몬 오일 조금

새싹 채소 100g

양파 ¼개

발사믹 글레이즈 조금

레시피

1. 단호박은 깨끗이 씻은 후 채칼로 껍질째 얇게 자른다.

2. 피자도우 위에 밀러 소스를 바른 뒤, 곱게 채 썬 양파(미리 찬물에 담가 매운맛을 뺀다)와 단호박을 올리고 모차렐라 치즈를 뿌려 준다.

3. 200℃로 예열한 오븐에서 5~10분 정도 굽는다.

4. 구운 피자 위에 새싹 채소를 올린 뒤 레몬 오일을 뿌리고 발사믹 글레이즈를 지그재그 모양으로 뿌려 마무리한다.

hydrangea_garden's story

단호박 피자는 영양 만점 간식이에요.

아이들이 무척 잘 먹어서 자주 만들곤 하죠.

시중에 파는 썰어져 있는 모차렐라 치즈는

서로 엉겨 붙지 않도록 첨가물을 넣는다고 해요.

저는 모차렐라 치즈를 덩어리로 사서

그때그때 잘라서 쓰는 편이에요.

좀 더 건강한 먹거리를 만들기 위해서죠.

밀러 소스는 매콤해서

단호박의 달콤한 맛을 적당하게 잡아 줘요.

구하기 어렵다면 스파게티소스 중에

아라비아따 소스를 사용해도 좋아요.

맛은 밀러 소스를 따라올 수 없지만 말이에요.

피자 도우는 냉동으로 판매하는 제품이 있는데

카페나 레스토랑에서도 사용하더라고요.

저는 인터넷 쇼핑몰에서 20장씩 묶음 포장된 것을 구입해

냉동고에 넣어 두는데 금방 다 먹게 되더라고요.

Donburi

돈부리

재료
닭 다리 살 1팩
맛간장 3큰술
돈부리 소스 6큰술
쑥갓 조금
달걀 1개
다시마(5×5) 조금
식용유 조금

돈부리 소스 재료
간장 6큰술
미림 4와 ½큰술
설탕 조금
멸치 다시마 육수 450㎖

레시피
1. 닭 다리 살은 한입 크기로 자른 뒤 맛간장에 30분간 재워 둔다.
2. 불에 달군 팬에 오일을 두른 뒤 재워 둔 닭 다리 살을 지지듯 굽는다.
3. 냄비에 돈부리 소스 6T를 넣고 끓인다. 소스가 끓으면 닭고기를 넣는다.
4. 쑥갓을 올리고 불을 줄인다.
5. 달걀 1개를 풀어 넣고 뚜껑을 덮은 뒤 30~40초가량 기다린다.
6. 다시마를 넣어 지은 밥에 돈부리를 얹어 담아낸다.

멸치 다시마 육수 만들기
멸치 한 줌, 다시마 1개, 물 600㎖를 넣고 약불로 15분 끓인다. 가쓰오부시 한 줌 넣고 5분 두었다가 망에 거른다.

돈부리 소스 만들기
간장, 미림, 설탕이 끓으면 만들어 둔 멸치 다시마 육수를 부어 15분 정도 약불로 끓인다. 대략 450㎖ 양이 나오는데 이 소스로 볶음밥을 만들 때 사용해도 맛있다.

다시마를 넣어 지은 밥에 돈부리를 올리면 더 맛있어요.
저는 평소에도 다시마 밥을 지어서 간장에 비벼 먹곤 해요.
소스는 많이 만들어서 냉장 보관하면
식사 준비할 때 손쉽게 쓸 수 있어요.

Kimchi Fried Rice

김치볶음밥

재료

김치 ½컵

돼지고기 80g

밥 2인분

소금·후추 조금

식용유 조금

달걀 1개

후리카케 조금

양념장 재료

고추장 1큰술

치폴레 소스 1큰술

토마토 케첩 ¼큰술

다진 마늘 ½큰술

굴 소스 ½큰술

양파 ¼개

청양고추 ½개

레시피

1. 기름을 두른 팬에 김치와 설탕을 조금 넣어 볶은 뒤 돼지고기와 소금, 후추, 다진 마늘, 다진 청양고추를 넣어 볶는다.
2. 양념장 재료를 모두 섞어 기본 양념장을 만든다.
3. 1에 밥을 분량대로 넣어 섞는다.
4. 3에 기본 양념장 3큰술을 넣어 볶는다.
5. 완성된 볶음밥 위에 달걀 프라이와 후리카케를 뿌려서 먹는다. 무쇠솥에 볶아서 눌러두었다가 긁어 먹으면 맛있다.

Endive

엔다이브

재료
엔다이브 100g
석류 1컵
다진 호두·오이·그라나다·
치즈 조금
올리브오일 조금

드레싱 재료
레몬즙 3큰술
화이트 와인 비니거 2큰술
(혹은 식초)
꿀 2큰술
소금 1큰술
후추 조금
올리브오일 8큰술

레시피
1. 석류는 과육만 분리하고 오이는 잘게 썰어 그릇에 담는다.
2. 식빵 가장자리를 가로세로 1cm로 잘라서 오일에 튀긴다.
3. 엔다이브 위에 견과류, 채소, 석류, 치즈를 올리고 드레싱을 뿌려 먹는다.

엔다이브는 꼭 배춧속처럼 생긴 샐러드 채소예요.

각종 채소와 견과류, 치즈 등을 작은 볼에 담아서 세팅해 두면,

먹는 사람이 취향에 따라 선택해 엔다이브에 올려 먹으면 돼요.

막내딸이 식빵 가장자리를 싫어해서 꼭 잘라 먹는데

버리기 아까워서 냉동해 두었다가 엔다이브를 해 먹을 때

크루통(작은 빵 조각을 큐브 모양으로 자른 것)을 만듭니다.

가로세로 각각 1cm로 잘라 튀겨서 활용하면 좋아요.

"

저는 끼니마다 냄비밥을 지어요. 아이들과 함께 먹을 누룽지도 만들죠. 아침, 점심, 저녁 하루 세끼 김이 모락모락 나는 맛있는 밥을 지어 가족에게 먹이고 싶어서 냄비밥을 짓기 시작했어요. 그래서 저희 집에는 전기밥솥이나 압력 밥솥이 아예 없어요. 번거롭긴 하지만 불 옆에서 밥 짓는 냄새를 맡으며 식사를 준비하는 그 시간이 제게는 포기할 수 없을 만큼 행복한 시간이랍니다.

"

WINTER TABLE

chapter four

따뜻한 겨울 식탁

Pork Cutlet

돈가스

재료

돈가스용 돼지고기 등심(또는 안심) 300g

밀가루 1컵

달걀 2개

빵가루 조금

양상추 ¼개

오이 ¼개

자색 양파 ¼개

쪽파 조금

소금·후추 조금

소스 재료

포도씨 오일 2큰술

다진 마늘 1큰술

레드 페퍼 1큰술

데리야끼 소스 2큰술(돈부리 소스도 사용 가능)

식초 3큰술

가다랑어포 육수 6큰술

액상 유자청 2큰술

레시피

1. 돼지고기는 소금과 후추로 밑간한 뒤, 밀가루와 달걀, 빵가루를 순서대로 묻혀 준다.

2. 팬에 포도씨 오일을 두른 뒤 마늘과 레드 페퍼를 중약 불에서 볶는다.

3. 데리야끼 소스, 식초, 가다랑어포 육수, 액상 유자청을 한데 넣어 끓이다가 소금으로 간한다.

4. 한 김 식힌 뒤 냉장고에 차갑게 보관한다.

5. 돈가스는 180℃ 온도의 중약 불에서 속까지 잘 익도록 튀겨 준다.

6. 오이는 채칼로 얇게 저며 얼음물에 담근다. 양상추와 자색 양파는 얇게 채 썬다. 쪽파는 잘게 다진다(오이와 양상추는 먹기 전에 얼음물에 담그면 아삭아삭 식감이 살아난다).

7. 접시에 소스를 붓고 얇게 채 썬 양상추를 깐 뒤 튀긴 돈가스를 올리고, 오이, 자색 양파, 다진 쪽파 순으로 올린다. 돈가스를 소스에 적셔 채소와 곁들여 먹는다.

가다랑어포 육수 레시피

재료 : 물 1ℓ, 가다랑어포 20g(한 주먹), 다시마 1장(10×10)

물과 다시마를 넣고 한소끔 끓이다가 다시마를 건져 낸 뒤 불을 끄고 가다랑어포를 넣어 3분 정도 두었다가 망에 거른다.

Bolognese Pasta
볼로네제 파스타

재료

파스타 면 180g
올리브오일 조금
다진 소고기 150g
돼지고기 150g
베이컨 150g
샐러리 1대
당근 1개
양파 2개
드라이 와인(레드 혹은 화이트)
100㎖
생크림 200㎖
홀 토마토 800g
토마토 페이스트 2큰술
월계수 잎 5장

다진 마늘 1작은술
소금 · 후추 조금
넉맷 1꼬집
파르메산 치즈와 오레가노
바질 조금
포르치니(말린 이태리 버섯)
조금

레시피

1. 팬에 올리브오일을 두르고 잘게 썬 양파와 당근, 샐러리와 다진 마늘을 한데 볶는다.
2. 1에 돼지고기, 소고기, 베이컨을 넣어 센 불에 볶고 소금과 후추로 간한다.
3. 화이트 와인을 넣고 알콜 향이 남지 않을 때까지 졸인다.
4. 넉맷 1꼬집, 홀 토마토, 토마토 페이스트, 월계수 잎을 넣고 약한 불로 1시간 이상 끓여 소금과 후추로 간하면 볼로네제 소스 완성.
5. 파스타면 180g을 삶은 뒤 볼로네제 소스(2국자), 생크림(200㎖)을 넣고 졸인다. 여기에 파르메산 치즈를 갈아 뿌린다.

토마토 페이스트를 넣으면 맛이 진해지지만,

없으면 생략해도 괜찮아요.

파스타 면 중에서도 펜네 면을 사용하면

속으로 재료가 잘 스며서 먹기가 좋고요.

이때 이탈리아산 포르치니 건버섯을 넣으면

풍미가 확 살아나요.

두꺼운 냄비에 오래도록 끓이는 게 맛의 비법인데요.

저는 약불에서 3시간 넘게 끓이다가

물을 더 넣고 졸이기를 반복해요.

볼로네제 소스는 한꺼번에 많이 만들어서

소분해 냉동고에 넣어 두면 장을 안 본 날

"뭘 해 먹지?"고민될 때 꺼내서 뚝딱 만들어 먹기 좋아요.

Lasagna Bolognese
라자냐 볼로네제

재료
강판에 간 파르메산 치즈 1컵
라자냐 2컵
볼로네제 소스 2컵
모차렐라 치즈 200g

베사멜 소스 재료
우유 1ℓ
무염 버터 80g
밀가루 100g
소금 1큰술
넉맷 1꼬집

레시피
1. 먼저 베사멜 소스를 만든다. 팬에 버터를 녹인 후 밀가루를 조금씩 섞으면서 약불에서 타지 않게 잘 젓는다. 우유를 붓고 잘 저어 준 뒤 소금과 넉맷을 넣는다.
2. 오븐용 그릇에 라자냐를 담고 볼로네제 소스, 파르메산 치즈, 베사멜 소스를 순서대로 겹겹이 쌓아 올린다.
3. 맨 위에 모차렐라 치즈를 올린다.
4. 180℃로 예열한 오븐에 15~20분간 치즈가 노릇노릇해질 때까지 굽는다.

면이 넓적한 라자냐에 볼로네제 소스와 파르메산 치즈, 베사멜 소스를 겹겹이 쌓아 오븐에 구워 먹는 요리예요. 베사멜 소스는 한 번에 많이 만들어 한 번 쓸 양만큼 소분해서 냉동고에 넣고 필요할 때 꺼내 쓰면 좋아요.

Soybean Paste Sauce

강된장

재료

소고기 150g

표고버섯 3~4개

애호박 ¼개

양파 ¼개

붉은 고추 2개

청양고추(취향에 맞게 선택)

된장 3큰술

고춧가루 ½큰술

다진 마늘 2큰술

쌀뜨물 500㎖

파 조금

콩가루 1큰술

소고기 밑간용 재료

국간장 1큰술

다진 마늘 1큰술

다진 파 2큰술

참기름 1큰술

레시피

1. 소고기에 밑간 재료를 넣고 간이 골고루 배도록 잘 버무려 재워 둔다.

2. 표고버섯, 애호박, 양파, 붉은 고추, 청양고추 등은 깨끗하게 손질한 뒤 잘게 썬다.

3. 냄비에 먼저 소고기, 표고버섯을 넣고 볶는다.

4. 3에 된장, 고춧가루, 다진 마늘을 넣어 함께 볶다가 쌀뜨물을 붓고 10분가량 끓인다.

5. 4에 호박, 양파, 고추, 파, 콩가루를 넣고 국물이 자작하게 졸여지도록 젓는다.

강된장에 맛있는 밥이 빠질 수 없죠.

저는 끼니마다 냄비밥을 지어요.

아이들과 함께 먹을 누룽지도 만들죠.

아침, 점심, 저녁 하루 세끼

김이 모락모락 나는 맛있는 밥을 지어

가족에게 먹이고 싶어 냄비밥을 짓기 시작했어요.

혹시 먹고 나서 밥이 남으면

실리콘 용기에 담아 냉동고에 넣어 두고

급히 필요할 때 꺼내서 데워 먹는데

갓 지은 밥맛과 별반 다르지 않아요.

그리고 아이들과 함께 먹을

강된장을 만들 때는 고추를 넣지 않아요.

하지만 어른이 먹을 강된장에는

풋고추를 2개 정도 넣어야 감칠맛이 나요.

강된장은 끓여서 만든 된장 양념이니

식힌 뒤 냉장 보관해야 해요.

저는 보리쌀과 잔멸치를 전날 불렸다가

같이 넣어 주기도 합니다.

Young Radish Pickles

총각무 장아찌

재료

총각무 1단(1kg)

깻잎 200장

절임 물

진간장 2와 ½컵

설탕 300g

식초 2와 ½컵

생강 40g(슬라이스)

레시피

1. 총각무는 납작하게 썰어서 준비한다.

2. 진간장, 설탕, 식초와 얇게 저민 생강을 넣고 끓인다. 끓기 시작하면 약
   불에서 10분 정도 더 끓여 절임 물을 만든다.

3. 뜨거울 때 무청을 잘라 낸 무와 깻잎에 부어준다.

총각무를 사면 절반은 김치를 담그고 절반은 깻잎과 같이 장아찌를 만들어요. 그러면 한 번에 두 가지 밑반찬을 만들 수 있어요. 총각무 장아찌는 무 맛이 시원해서 반찬으로도 맛 있지만 깻잎에 고기를 싸서 먹거나 장아찌 간장에 고기를 찍어 먹어도 아주 맛있어요.

Jangheung Samhap

장흥 삼합

재료

삼겹살 400g

관자 6~8개

생 표고버섯 4개

참기름 조금

소금 조금

레시피

1. 고기와 관자는 간하지 않고 센 불에서 5분 정도 굽는다.

2. 표고버섯은 도톰하게 썰어 참기름을 두르고 소금을 뿌려 굽는다.

3. 접시에 삼겹살, 관자, 표고버섯을 담고, 미리 만들어 둔 총각무와 깻잎
   에 싸서 먹는다.

hydrangea_garden's story

어른들이 좋아하는 음식이라서 가족 모임이나 생일 파티에 활용하기 좋아요. 특히 개운한 총각무 장아찌를 곁들이면 맛이 잘 어울리죠. 장아찌와 같이 먹을 때는 따로 고기와 관자에 간하지 않아요.

Cod Roes Potato Gratin
명란 감자 그라탱

재료

감자 1개
껍질을 벗긴 짜지 않은 명란 1개
무염 버터 한 스푼
다진 마늘 ⅓스푼
생크림 200㎖
간 그뤼에르 치즈 듬뿍
소금·후추 조금

레시피

1. 감자는 얇게 썬 뒤 물기 없이 말려서 소금과 후추를 뿌려 기름에 바삭하게 굽는다.
2. 다진 마늘과 명란, 생크림을 냄비에 부어 전체 양이 ⅔ 정도로 줄어들도록 졸인다.
3. 그라탱 용기에 감자와 명란 졸인 것을 담고 그뤼에르 치즈를 듬뿍 뿌린다. 220℃로 예열한 오븐에서 10분 정도 구워 준다.

명란은 활용하기 아주 좋은 식재료예요. 부침개에 넣어도 맛있고 아이들 반찬에도 두루
활용한답니다. 다만 짭조름한 맛이 강하니 저염으로 선택해야 해요.

Chicken Wings Soy Sauce Stew
닭 날개 간장 조림

재료

닭 날개 16개
대파 흰 부분 1대
식용유 조금

양념장 재료

진간장 3큰술
파인애플 슬라이스 3개
양파 1개
꿀 1큰술
맛술 2큰술
후추 조금

레시피

1. 닭 날개는 물기를 제거한 뒤 기름을 살짝 두른 팬에서 노릇노릇하게 굽는다.
2. 양파와 파인애플을 강판에 갈아 즙만 걸러 냄비에 양념장 재료와 함께 끓인다. 양념장이 끓으면 구운 닭 날개를 넣고 갈색 빛이 돌 때까지 조린다.
3. 대파의 흰 부분을 아주 얇게 채 썬다. 찬물에 담갔다가 건져 후추와 참기름을 넣어 버무린 뒤 닭 날개 위에 올린다.

우리 아이들이 가장 좋아하는 밥반찬이에요.
양념장은 과즙이 들어가서 자칫 탈 수가 있으니
곁에 서서 지켜보며 조려야 해요.
국물 없이 윤기가 날 때까지 조리면
아이들이 아주 좋아하는 반찬이 돼요.
양파와 파인애플은 매번 강판에 갈기 번거로우니까
한 번에 많이 만들어 필요한 양만큼 소분해서 냉동 보관했다가
필요할 때마다 조금씩 사용하면 간편해요.
저는 아이스 큐브에 얼렸다가 통에 넣어 냉동 보관합니다.
파채를 얹어 먹으면 시중에 파는 파닭의 맛을 즐길 수 있어요.

Cod Roes and Mascarpone Cheese

명란젓과 마스카르포네 치즈

재료

명란젓 80g

마스카르포네 치즈 160g

레시피

명란젓과 마스카르포네 치즈를 섞어 완성한다.

아이들과 남편이 좋아해서 자주 하게 되는 요리예요. 안초비 버터, 명란젓과 마스카르포
네 치즈는 바게트에 발라 먹으면 아주 맛있어요!

Baked Sweet Potato and Lime Yogurt

구운 고구마와 라임 요거트

재료
고구마 3~4개
꿀 조금
쪽파 조금
엑스트라 버진 올리브오일
2큰술
천일염·후추 조금

라임 드레싱 재료
그릭 요거트 120㎖
라임 2개분 즙
엑스트라 버진 올리브오일
1큰술

레시피
1. 고구마는 깨끗이 씻어 껍질째 길쭉하게 자른 뒤 꿀, 소금, 올리브오일(2큰술)을 발라 10분간 재워 둔다.
2. 220℃로 예열한 오븐에 25~35분가량 굽는다.
3. 그릇에 구운 고구마를 담고 라임 드레싱을 뿌린다.
4. 다진 쪽파를 뿌려 마무리한다.

파르메산 치즈를 듬뿍 뿌리면
또 색다른 맛을 느낄 수 있어요.
달콤하고 짭짤해서 아이들이
무척 좋아하는 간식이죠.
아이들이 학교 다녀와서 출출한 오후에
구운 고구마와 라임 요거트 간식을
만들어 주면 맛있게 먹어요.

Smoked Salmon Salad

훈제 연어 샐러드

재료

훈제 연어 ½팩(100g)

루꼴라 조금

브로콜리 새싹 채소 조금

레몬 혹은 라임 1개

케이퍼 조금

소스 재료

올리브오일 50㎖

식초 50㎖

홀그레인 머스터드 소스
2큰술

레몬즙 2큰술

꿀 2큰술

소금 · 후추 조금(생략 가능)

레시피

1. 루꼴라는 흐르는 물에 깨끗이 씻은 뒤 물기를 제거
   한다.

2. 올리브오일, 식초, 홀그레인 머스터드 소스, 레몬즙,
   꿀을 섞어 드레싱을 만든다. 소금과 후추는 취향에
   맞추어 양을 조절한다.

3. 루꼴라와 훈제 연어를 샐러드 그릇에 담고 드레싱을
   뿌린다.

Baguette French Toast

바게트 프렌치 토스트

재료

바게트 ½개

우유 100㎖

달걀 4개

연유 2큰술

생크림 100㎖

소금 조금

계피 가루 조금

레시피

1. 바게트는 5㎝ 정도로 먹기 좋게 자르고, 만들기 전날 밤 우유, 달걀, 연유, 생크림을 넣은 뒤 소금, 계피 가루를 뿌려 재어 둔다.

2. 버터 두른 팬에 바게트를 겉면만 노릇하게 굽는다.

3. 180℃로 예열한 오븐에서 15분가량 굽는다.

4. 집에 있는 과일을 올리고 메이플 시럽, 슈거 파우더 등을 뿌려 먹으면 맛있다.

먹다가 남은 바게트 빵 활용법이에요. 프렌치 토스트는 도톰한 식빵이나 브리오슈 빵으로 만들어도 촉촉하고 맛있어요. 버터를 두른 팬에 바나나를 길게 반으로 잘라 구워서 올리면 카페에서 먹는 요리가 될 수도 있어요.

Crepe

크레이프

재료

무염 버터 50g

우유 500㎖

물 200㎖

박력분 250g

달걀 4개

소금 ½큰술

레시피

1. 버터를 중탕해서 녹인다.

2. 모든 재료를 다 넣어 골고루 섞는다.

3. 묽은 반죽이 완성되면 프라이팬에서 부침개보다 더 얇게 부친다.

크레이프 소스 만들기

재료 : 딸기와 라즈베리 100g, 메이플 시럽 5큰술, 설탕 1과 ½큰술, 소금 조금, 레몬즙 조금

레시피 : 냄비에 모두 넣고 끓인다.

크레이프는
우리 아이들에게 인기가 좋은 간식이에요.
달걀, 햄, 베이컨, 제철 과일 등을 고루 넣어서
말아 먹으면 아침 식사로도 손색이 없죠.
소스와 슈거 파우더를 고루 뿌리면
더욱 먹음직스럽고 맛도 좋답니다.

Ginger Latte

진저 라테

재료

생강 2kg

흑설탕 2.5kg

물 1ℓ

매실청 1컵

우유 1컵

레시피

1. 생강은 껍질을 벗겨 얇게 저며 썬 뒤 하룻밤 찬물에 담가 전분을 뺀다. 그래야 생강의 매운맛이 덜하다.
2. 넉넉한 냄비에 물 1ℓ, 매실청 1컵, 생강을 바닥에 깔고 흑설탕을 부어 센 불에서 끓인 후 중불로 30분간 더 끓인다. 이때 주걱으로 저으면 안 된다. 흑설탕이 서서히 녹도록 그대로 두어야 한다.
3. 생강청 1~2 스푼을 따뜻한 우유에 넣어 잘 저어 준다.

흑설탕을 사용해야 풍미와 색감이 좋아요. 설탕을 많이 넣는 이유는 방부제 역할을 하기 때문이에요. 감기 기운이 있을 때 우유 거품을 만들어 생강청 1큰술을 넣어 마시면 몸이 따뜻해지죠. 이때 우유를 80℃ 이상 가열하면 영양소가 파괴되니 주의해야 해요.

Sausage Stew
부대찌개

재료

김치 ½컵
돼지고기 70g
대파 1대
양파 1개
청양고추 조금
버섯 50g
소시지 조금
햄 조금
베이컨 조금
콩나물 50g
가래떡 조금
통조림 콩 (베이크드 빈 2큰술)
라면 사리 ½개

육수 재료

물 또는 사골 육수 800㎖
된장 1큰술
매실액 1큰술
설탕 2큰술
다진 마늘 1큰술
진간장 2큰술
고추장 2큰술
고춧가루 2큰술

레시피

1. 김치와 돼지고기는 잘게 썰어서 준비한 뒤 팬에 기름을 두르고 설탕을 조금 넣어 함께 볶는다.
2. 모든 재료와 사골 육수를 부어 한소끔 끓인다.
3. 맛이 우러나면 라면 사리를 넣고 5분간 더 끓인다.

Braised Toothfish

메로 조림

재료

메로 400g
무 250g
꽈리고추 5~6개
생 표고버섯 3개
대파 흰 부분 ⅓개

양념장 재료

간장 2큰술
중국 간장 2큰술
고춧가루 2큰술
고추장 2큰술
설탕 1과 ½큰술
미림 2큰술
생강술 1큰술

레시피

1. 메로는 몸통 살을 5㎝ 두께로 두툼하게 썰어 손질한 뒤 뜨거운 물로 살짝 씻어 내거나 그릴에 구워 비린 맛을 제거한다.
2. 냄비에 손질한 메로와 무, 꽈리고추, 표고버섯, 대파 등 재료를 모두 넣고 양념장을 부어 국물이 자작해지도록 조린다.

hydrangea_garden's story

메로 조림은 비린내 제거가 중요해요. 양념장만으로는 해결이 안 되죠. 메로를 그릴에 한 번 구운 뒤 조리면 생선 비린내가 줄어들어요. 아이들이 먹는다면 고춧가루는 빼고 간장만 넣어서 양념하고, 어른이 같이 먹는다면 칼칼한 맛이 나도록 청양고추만 추가하면 돼요. 중국 간장(노두유)을 쓰면 감칠맛도 돌지만 조림 요리의 색깔이 진해져서 맛깔나게 보여요.

Baked Cauliflower

콜리플라워 오븐 구이

재료

콜리플라워 1개
녹인 버터 2큰술
파르메산 치즈 3큰술
케이앤페퍼 조금

드레싱 재료

플레인 요거트 1개
트러플 오일 조금
청양고추 조금
소금·후추 조금

레시피

1. 콜리플라워를 깨끗이 씻어 통째로 소금물에 데친 뒤
   식힌다.
2. 녹인 버터는 콜리플라워 위에 골고루 부어 준다. 그
   위에 파르메산 치즈를 듬뿍 갈아 뿌린다. 케이앤페퍼
   분말도 뿌려 준다.
3. 180℃로 예열한 오븐에서 20분 동안 굽는다.
4. 드레싱은 요거트에 소금과 후추를 뿌린 뒤 트러플 오일
   2~3방울 떨어뜨리고 청양고추를 다져서 얹어 준다.

Chocolat

퐁당 쇼콜라

재료

무염 버터 150g

다크 초콜릿 150g

달걀 3개

달걀노른자 3개

박력분 75g

설탕 200g

소금 조금

레시피

1. 버터와 다크 초콜릿을 중탕으로 녹인다.

2. 볼에 달걀(달걀 3개, 달걀 노른자 3개 모두)과 설탕을 넣고 거품기로 잘 저은 다음 녹인 초콜릿을 섞고 소금과 설탕을 넣는다.

3. 1과 2를 잘 섞은 후 채에 내린 박력분을 넣어 섞는다.

4. 틀에 반죽을 담고 190℃로 예열된 오븐에서 15~20분가량 굽는다.

190℃로 예열된 오븐에 15~20분가량 굽는다고 했지만 오븐 사양에 따라 굽는 시간이 달
라져요. 퐁당 쇼콜라는 굽는 시간이 중요해요. 오븐 옆에서 지켜보다가 겉이 익은 것 같으
면 바로 꺼내야 해요. 그래야 따뜻한 초콜릿이 주르륵 흘러내려요. 너무 오랜 시간 구우면
초콜릿 빵이 되어 버리거든요.

정혜영의 식탁

초판 1쇄 발행 2019년 10월 25일
초판 5쇄 발행 2019년 11월 20일

지은이 정혜영
펴낸이 이범상
펴낸곳 ㈜비전비엔피·이덴슬리벨

기획편집 이경원 유지현 김승희 조은아 박주은 배윤주
디자인 김은주 이상재 김혜림
사진 도트스튜디오 **포토** 방문수 **어시스트** 이태구
푸드 스타일링 밀리(인스타그램 millie_sy), 이아연, 이하영
마케팅 한상철 이성호 최은석
전자책 김성화 김희정 이병준
관리 이다정

주소 우)04034 서울특별시 마포구 잔다리로7길 12(서교동)
전화 02)338-2411 **팩스** 02)338-2413
홈페이지 www.visionbp.co.kr
이메일 visioncorea@naver.com
원고투고 editor@visionbp.co.kr
인스타그램 www.instagram.com/visioncorea
포스트 post.naver.com/visioncorea
등록번호 제2009-000096호

ISBN 979-11-88053-73-5 (13590)

·값은 뒤표지에 있습니다.
·파본이나 잘못된 책은 구입처에서 교환해 드립니다.

이 도서의 국립중앙도서관 출판예정도서목록(CIP)은 서지정보유통지원시스템 홈페이지(http://seoji.nl.go.kr)와
국가자료종합목록 구축시스템(http://kolis-net.nl.go.kr)에서 이용하실 수 있습니다. (CIP제어번호 : CIP2019038969)